水泥窑协同处置新冠肺炎疫情医疗废物关键要点40问

李春萍 编著

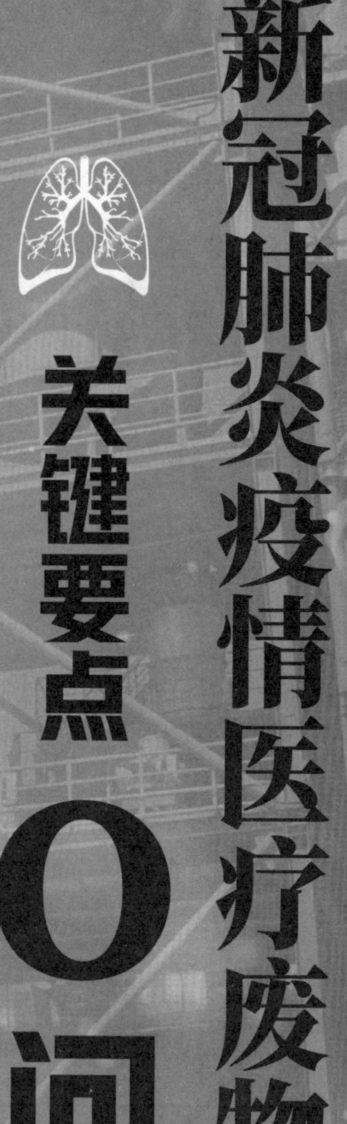

中国建材工业出版社

图书在版编目（CIP）数据

水泥窑协同处置新冠肺炎疫情医疗废物关键要点40问/李春萍编著.--北京：中国建材工业出版社，2020.3

ISBN 978-7-5160-2832-2

Ⅰ.①水… Ⅱ.①李… Ⅲ.①日冕形病毒—病毒病—肺炎—医用废弃物—废物处理—问题解答 Ⅳ.①X799.5-44

中国版本图书馆CIP数据核字（2020）第032126号

水泥窑协同处置新冠肺炎疫情医疗废物关键要点40问

Shuiniyao Xietong Chuzhi Xinguanfeiyan Yiqing Yiliao Feiwu Guanjian Yaodian 40 Wen

李春萍　编著

出版发行：中国建材工业出版社

地　　址：北京市海淀区三里河路1号

邮　　编：100044

经　　销：全国各地新华书店

印　　刷：北京雁林吉兆印刷有限公司

开　　本：710mm×1000mm　1/16

印　　张：3.75

字　　数：30千字

版　　次：2020年3月第1版

印　　次：2020年3月第1次

定　　价：28.00元

本社网址：www.jccbs.com，微信公众号：zgjcgycbs

共克时艰

水泥技术专家、知名书画家　郑用琦 题

ABOUT THE AUTHOR

作者简介

李春萍，博士，教授级高级工程师，中关村自主示范区高端领军人才，国家科技部专家库成员；长期从事固体废弃物处理、水泥窑协同处置及建材利用、污染土壤修复研究；主持和承担国家973计划课题2项，国家863课题1项，国家“十二

五”科技支撑项目1项，北京市科委重大项目1项，金隅集团重点项目5项；发表文章77篇（其中SCI、EI、ISTP收录文章35篇），在中国建材工业出版社出版3部著作，分别为《固体废物协同处置与综合利用》《水泥窑协同处置危险废物实用技术》《水泥窑协同处置生活垃圾实用技术》；申请专利42项，授权26项；2014年获北京建材联合会三等奖，2015年获北京建材联合会1等奖，2016年获第十届北京发明创新大赛铜奖，2017年获第十一届北京发明创新大赛铜奖；参编国家标准2项，行业标准1项。

序　言

PREFACE

疫情期间，朋友间除了每天刷微信，亦很少电话直接沟通了，每个人都以不同方式在抗击疫情。2月26日，中国建材工业出版社佟令玫总编辑来电话，邀我为将在近期出版的新书《水泥窑协同处置新冠肺炎疫情医疗废物关键要点40问》写一段序言，甚是激动和感激。一本应景应时的专业书籍真是对疫情防控的最好贡献。

2020年的春节情景注定是难忘的，也是整个社会反思的年份。全国抗击新冠肺炎疫情，有许多水泥企业为抗击疫情捐赠物资和资金，尤其是政府支持水泥企业通过水泥窑协同处置疫情期的医疗废物的决策，让传统的水泥产业显示了在现代环保事业中的优势地位。这次疫情注定会推动水泥窑协同处置危废技术和市场进一步发展，促进科技创新和产业的功能拓展，也必将加速水泥行业的结构调整和高质量发展。

感谢中国建材工业出版社和作者的付出和努力，在抗击疫情的紧张时刻，时间就是生命，尽快出版发行有利于抗击疫情的书籍，促进水泥窑协同处置疫情期医疗废物技术的推广和应用，就是对疫情防控的贡献，就是对行业发展的贡献，就是对社会进步最大的贡献。

中国水泥协会执行会长 孔祥忠

2020年2月27日于安徽滁州

前　言

FOREWORD

自 2014 年起，水泥窑协同处置危险废物在中国快速发展，获得批复的处置规模占到了全国 25% 以上，但水泥窑处置的废物类别中，一般都不包含医疗废物（HW01）。

2020 年，发生于中国武汉的新冠病毒疫情，产生了大量的疫情医疗废物，原有的医疗废物焚烧处置厂不足以满足需要，很多具有危险废物处置资质的水泥窑作为政府的备选设施，随时待命，使得水泥窑协同处置医疗废物提上了日程。

水泥窑协同处置医疗废物，具有环保排放优、处置量大、可以随时启用等优点，可作为特殊情况下的一种应急备选设施。但大多水泥窑协同处置企业缺乏相应的医疗废物（HW01）相关知识和处置经验，不敢轻易涉足医疗废物（HW01）处置。

本册问答图书以医疗废物（HW01）的特性为出发点，通过对医疗废物（HW01）特性、处置要求以及水泥窑协同处置技术和注意事项等内容的介绍，旨在为水泥窑协同处置医疗废物的企业提供一些理论知识和指导意见，使其达到安全、规范的管理，使水泥企业在紧急情况下可以快速响应社会需求。

在本书编著过程中，参考了大量的相关文献资料，并汲取了近年来同行研究者们成果的精华，承蒙了众多企业和学者们给予的大力支持，以及各位读者的赐教，在此一并感谢。

限于编者的经验与水平，书中难免存在不妥之处，敬请广大读者和有关专家批评指正。

本书作者

2020 年 2 月于杭州

出版者的话

FOREWORD

庚子大疫，始料不及。危机面前，各行各业的人都默默奉献，勇敢担当：白衣天使壮美逆行，工程建设者创造“神”速，媒体工作者记录真实粉碎谎言，科研工作者、各级党员干部、社区街道志愿者、物流司机、快递小哥……每一个中国人都拿出了史无前例的顽强抗疫的勇气。

临大事，有静气。我们的身体被疫情所困，但我们的思考从未停止——作为知识的传播者、科技的推动者——我们出版人，可以做些什么？

2月21日，习近平总书记主持召开中共中央政治局会议，会议强调，“打好污染防治攻坚战，推动生态环境质量持续好转，加快补齐医疗废物、危险废物收集处理设施方面的短板。”这段话引起了我们的高度关注，在疫情肆虐的中国，治病救人重要，医疗废物的处置同样重要且不可忽视！

我们由此想到，近年来水泥行业为了适应转型升级的要求，在水泥窑协同处置危险废弃物方面取得了一系列研究成果并付诸实践，收效显著。该是他们大显身手的时候了。出版一本水泥窑协同处置医疗废物的书恰逢其时，这既是我们的使命，也是我们的担当。

白衣战士在前线战斗，胜利在望，我们得准备好打扫战场。

团结一心，其利断金。这本书的作者李春萍博士在接受出版社约稿后，通宵达旦，连续奋战，2 月 24 日在我们上班的第一时间就交出了“齐、清、定”的稿件，为出版工作打响了第一炮。随之而来的稿件编审校工作来不得半点松懈，排印装和物流等都在复工复产的过程中努力排除万难，在这本小册子面前，大家都开足马力，拿出了“中国速度”，保证了它的顺利出版。

本书的出版，得到中国水泥协会执行会长孔祥忠先生的支持，他为本书撰写了序言，并充分肯定了本书出版的价值和意义。同时感谢身处湖北武汉的水泥技术专家、书画家郑用琦先生，为抗击疫情和本书出版撰写“共克时艰”。

谨以此书的出版，致敬抗击疫情的全国人民！

中国建材工业出版社总编辑 佟令玫

2020 年 2 月 28 日于北京

CONTENTS

目　录

1. 什么是医疗废物？

《医疗废物管理条例》（2011年修订版）中对医疗废物的定义为：医疗废物是指医疗卫生机构在医疗、预防、保健以及其他相关活动中产生的具有直接或者间接感染性、毒性以及其他危害性的废物。

医疗卫生机构收治的传染病病人或者疑似传染病病人产生的生活垃圾，按照医疗废物进行管理和处置。

另外，计划生育技术服务、医学科研、教学尸体检查和其他相关活动中产生的具有直接或间接感染性、毒性以及其他危害性废物的管理，依照本条例执行。

2. 医疗废物有哪些危害？

医疗废物的危害集中表现在以下几个方面：

（1）土壤污染

医疗废物填埋，占用大量的土地，导致可利用土地资源的减少。此外，大量的有毒废渣或废液随着降水淋溶进入土壤，不仅造成土壤污染，而且会被土壤所吸附，杀死土壤中的微生物和原生动物，破坏土壤中的微生态，反过来又会降低土壤对污染物的降解能力；医疗废物中的酸、碱和盐类等物质会改变土壤的性质和结构，导致土质酸化、碱化、硬化，影响植物根系的发育和生长，破坏生态系统。

（2）水域污染

医疗废物可以通过多种途径污染水体，如可随地表径流进入河流湖泊，或随风迁徙落入水体，特别是当医疗废物露天放置或者混入生活废物露天堆放时，有害物质在雨水作用下，很容易流入江河湖海，造成水体的严重污染与破坏。最为严重的是有些医疗卫生机构甚至将医疗废物直接倒入河流、湖泊或沿海海域中，造成更大的污染。

有毒有害物质进入水体后，首先会导致水质恶化，对人类饮用水安全造成威胁，危害人体健康；其次会影响水生生物正常生长，甚至会杀死水中生物，破坏水体生态平衡。医疗废物中往往含有重金属和人工合成的有机物，这些物质大都稳定性极高，难以降解，水体一旦遭受污染就很难恢复。许多有机类医疗废物长期堆放后也会和城市废物一样产生渗滤液。渗滤液的危害众所周知，它可进入土壤，使地下水受污染，或直接流入河流、湖泊和海洋，造成水资源的水质型短缺。

含有传染性病原菌的医疗废物，一旦进入水体，将会迅速引起传染性疾病的快速蔓延，后果不堪设想。

（3）大气污染

医疗废物在堆放过程中，在合适的条件和微生物的作用下，某些有机物质发生分解，产生有害气体。以微粒状态存在的医疗废物，在大风吹动下，将随风飞扬，扩散至远处，既污染环境，影响人体健康，又会玷污建筑物、花果树木，影响市容与卫生，扩大危害面积与范围。此外，医疗废物在运输与处理的过程中，如不采用严格的封闭措施，产生的有害气体和粉尘也是十分严重的。扩散到大气中的有害气体和粉尘不但会造成大气质量的恶化，而且一旦进入人体和其他生物群落，还会危害到人类健康和生态平衡。

（4）人体健康

医疗废物中可能含有大量病原微生物和有害化学物质，甚至会有放射性和损伤性物质，因此医疗废物是引起疾病传播或相关公共卫生问题的重要危险性因素。

含有传染性病原菌的医疗废物，是成为地方传染病的重要传染源。

另外，医疗废物中的许多有毒的有机物和重金属会在植物体内积蓄，人体吸收后，对肝脏和神经系统会造成严重损害，诱发癌症，或使胎儿畸形。

新冠肺炎疫情期间，集中爆发性产生了大量的疫情医疗废物，相比于普通的医疗废物，疫情废物中含有大量致病病毒，感染性强，有二次传播风险，对人体健康的危害更大。

3. 医疗废物应如何分类？

根据《国家危险物名录》（2016 年版），医疗废物属于危险废物（HW01）。按照《医疗废物分类目录》，医疗废物分为感染性废物、病理性废物、损伤性废物、药物性废物和化学性废物五大类。

（1）感染性废物

感染性废物是指携带病原微生物具有引发感染性疾病传播危险的医疗废物，包括被病人血液、体液、排泄物污染的物品，传染病病人产生的垃圾等医疗废物塑料制品。

① 特征：携带病原微生物具有引发感染性疾病传播危险的医疗废物。

② 类别：

A. 被病人血液、体液、排泄物污染的物品，包括：

a. 棉球、棉签、引流棉条、纱布及其他各种敷料；

b. 一次性使用卫生用品、一次性使用医疗用品及一次性医疗器械；

c. 废弃的被服；

d. 其他被病人血液、体液、排泄物污染的物品。

B. 医疗机构收治的隔离传染病病人或者疑似传染病病人产生的生活垃圾。

C. 病原体的培养基、标本和菌种、毒种保存液。

D. 各种废弃的医学标本。

E. 废弃的血液、血清。

F. 使用后的一次性使用医疗用品及一次性医疗器械视为感染性废物。

（2）病理性废物

病理性废物是指在诊疗过程中产生的人体废弃物和医学试验动物尸体，包括手术中产生的废弃人体组织、病理切片后废弃的人体组织、病理蜡块等。

① 特征：诊疗过程中产生的人体废弃物和医学实验动物尸体等。

② 类别：

A. 手术及其他诊疗过程中产生的废弃的人体组织、器官等。

B. 医学实验动物的组织、尸体。

C. 病理切片后废弃的人体组织、病理蜡块等。

D. 传染病、疑似传染病及突发不明原因的传染病产妇的胎盘；正常产妇放弃的胎盘。

（3）损伤性废物

损伤性废物是指能够刺伤或割伤人体的废弃的医用锐器，包括医用针、解剖刀、手术刀、玻璃试管等。

① 特征：能够刺伤或者割伤人体的废弃的医用锐器。

② 类别：

A. 医用针头、缝合针。

B. 各类医用锐器，包括：解剖刀、手术刀、备皮刀、手术锯等。

C. 载玻片、玻璃试管、玻璃安瓿等。

（4）药物性废物

药物性废物是指过期、淘汰、变质或被污染的废弃药品，包括废弃的一般性药品、废弃的细胞毒性药物和遗传毒性药物等；

① 特征：过期、淘汰、变质或者被污染的废弃的药品。

② 类别：

A. 废弃的一般性药品，如：抗生素、非处方类药品等。

B. 废弃的细胞毒性药物和遗传毒性药物，包括：

a. 致癌性药物，如硫唑嘌呤、苯丁酸氮芥、萘氮芥、环孢霉素、环磷酰胺、苯丙胺酸氮芥、司莫司汀、三苯氧氨、硫替派等；

b. 可疑致癌性药物，如：顺铂、丝裂霉素、阿霉素、苯巴比妥等；

c. 免疫抑制剂。

C. 废弃的疫苗、血液制品等。

（5）化学性废物

化学性废物是指具有毒性、腐蚀性、易燃易爆性的废弃化学物品，如废弃的化学试剂、化学消毒剂、汞血压计、汞温度计等。

① 特征：具有毒性、腐蚀性、易燃易爆性的废弃的化学物品。

② 类别：

A. 医学影像室、实验室废弃的化学试剂。

B. 废弃的过氧乙酸、戊二醛等化学消毒剂。

C. 废弃的汞血压计、汞温度计。

新冠肺炎疫情期间，产生的疫情医疗废物大多为感染性废物，包括一次性使用医疗用品及器械、被病人体液及排泄物污染的器具衣物以及隔离治疗病人和疑似病人产生的生活垃圾等。疫情医疗废物也含有少量的病理性废物和损伤性废物。

4. 医疗废物的收集有哪些要求？

（1）按医疗废物分类目录的五类，即感染性、病理性、损伤性、药物性、化学性医疗废物，收集时要将其分置于符合《医疗废物专用包装物、容器标准和警示标识规定》的包装物或者容器内。

（2）在盛装医疗废物前，应当对医疗废物包装物或者容器进行认真检查，确保无破损、渗漏和其他缺陷。

（3）感染性废物、病理性废物、损伤性废物、药物性废物及化学性废物不能混合收集。少量的药物性废物可以混入感染性废物，但应当在标签上注明。

（4）盛装的医疗废物达到包装物或者容器的3/4时，应当使用有效的封口方式，使包装物或者容器的封口紧实、严密。

（5）包装物或者容器的外表面被感染性废物污染时，应当对被污染处进行消毒处理或者增加一层包装。

（6）盛装医疗废物的每个包装物、容器外表面应当有警示标识，在每个包装物、容器上应当系中文标签，中文标签的内容应当包括：医疗废物产生单位、产生日期、类别及需要的特别说明等。

（7）隔离的传染病病人或者疑似传染病病人产生的医

疗废物应当使用双层包装物，并及时密封。

（8）放入包装物或者容器内的感染性废物、病理性废物、损伤性废物不得取出。

新冠肺炎疫情医疗废物的收集有以下特殊要求：

（1）为了防止医疗废物传染疾病，首先也是要做好源头分类。

（2）盛装医疗废物的包装袋和利器盒的外表面被感染性废物污染时，应当增加一层包装袋。

（3）应使用1000mg/L的含氯消毒液对医疗废物包装袋、医疗废物暂存处、医疗废物运送车等进行消毒。

（4）医疗废物收集、运输过程中时，应当防止造成医疗废物专用包装袋和利器盒的破损，避免医疗废物泄漏和扩散。防止医疗废物直接接触身体，避免感染。

（5）应及时清运处置。医院等医疗机构应单独设置区域暂存医疗废物，及时通知医疗废物处置单位上门收运，由医疗废物处置单位进行无害化处置，并做好相应记录。

5. 医疗废物包装容器有哪些？

医疗废物的包装容器有：包装袋、周转箱、利器盒等。

6. 医疗废物包装袋应该符合哪些条件？

（1）基本要求

① 包装袋不得使用聚氯乙烯（PVC）塑料为制造原料；

② 聚乙烯（PE）包装袋正常使用时不得渗漏、破裂、穿孔；

③ 最大容积为 $0.1m^3$，大小和形状适中，便于搬运和配合周转箱（桶）盛装；

④ 如果使用线型低密度聚乙烯（LLDPE）或低密度聚乙烯与线型低密度聚乙烯共混（LLDPE+LDPE）为原料，其最小公称厚度应为 150μm；如果使用中密度或高密度聚乙烯（MDPE，HDPE），其最小公称厚度应为 80μm；

⑤ 包装袋的颜色为黄色，并有盛装医疗废物类型的文字说明，如盛装感染性废物，应在包装袋上加注“感染性废物”字样；

⑥ 包装袋上应印制医疗废物警示标识。

（2）包装袋物理机械性能

包装袋的物理机械性能见表 1。

（3）包装袋规格

① 推荐采用筒状包装袋，折径 × 长 × 厚为：

450mm × 500mm × 0.15mm（LLDPE、LDPE+LLDPE）；

450mm × 500mm × 0.08mm（HDPE、MDPE）。

表 1　包装袋的物理机械性能

项目	性能指标	
	LLDPE（LDPE+LLDPE）	HDPE（MDPE）
拉伸强度（纵、横向）/MPa ≥	20	25
断裂伸长率（纵、横向）/% ≥	450	250
落膘冲击质量 /g	190	270
热封强度 /（N/15mm）≥	10	10

② 当包装袋容积在 0.1m^3 范围内，包装袋规格可以根据用户要求确定。

③当用户有特殊要求，并且包装袋容积超过 0.1m^3 时，包装袋厚度应根据试验确定，保证包装袋防渗漏、防破裂、防穿孔，整体物理机械性能满足表 1 的要求。

7. 医疗废物利器盒应该符合哪些条件？

（1）利器盒整体为硬制材料制成，密封，以保证利器盒在正常使用的情况下，盒内盛装的锐利器具不撒漏，利器盒一旦被封口，则无法在不破坏的情况下被再次打开；

（2）利器盒能防刺穿，其盛装的注射器针头、破碎玻璃片等锐利器具不能刺穿利器盒；

（3）满盛装量的利器盒从 1.5m 高处垂直跌落至水泥

地面，连续 3 次，利器盒不会出现破裂、被刺穿等情况；

（4）利器盒易于焚烧，不得使用聚氯乙烯（PVC）塑料作为制造原材料；

（5）利器盒整体颜色为黄色，在盒体侧面注明“损伤性废物”；

（6）利器盒上应印制医疗废物警示标识；

（7）利器盒规格尺寸可根据用户要求确定。

8. 医疗废物周转箱应该符合哪些条件？

（1）基本要求

① 周转箱整体为硬制材料，防液体渗漏，可一次性或多次重复使用；

② 多次重复使用的周转箱（桶）应能被快速消毒或清洗，并参照周转箱性能要求制造；

③ 周转箱（桶）整体为黄色，外表面应印（喷）制医疗废物警示标识和文字说明。

（2）技术性能要求

① 原料要求：周转箱箱体应选用高密度聚乙烯（HDPE）为原料，采用注射工艺生产；箱体盖选用高密度聚乙烯与聚丙烯（PP）共混或专用料采用注射工艺生产。

② 外观要求：

A. 箱体箱盖设密封槽，整体装配密闭。箱体与箱盖能牢固扣紧，扣紧后不分离；

B. 表面光滑平整，无裂损，不允许明显凹陷，边缘及端手无毛刺。浇口处不影响箱子平置。不允许≥ 2mm 杂质存在；

C. 箱底、顶部有配合牙槽，具有防滑功能。

③ 规格要求：

推荐采用长方体周转箱，长 × 宽 × 高（mm）=600mm×500mm×400mm；

周转箱（桶）规格也可根据用户要求制造。

④ 物理机械性能：

A. 箱底承重：变形量下弯不超过 10mm。

B. 收缩变形率：箱体对角线变化率不大于 1.0%。

C. 跌落强度：常温下负重 20kg 的试样从 1.5m 高度垂直跌落至水泥地面，连续三次，不允许产生裂纹。

D. 堆码强度：空箱口部向上平置，加载平板与重物的总质量为 250kg，承压 72h，箱体高度变化率不大于 2.0%。

E. 悬挂强度：常温下钓钩钩住箱体端手部位，钓绳夹角为（60 ± 30）°，箱体均匀负重 60kg，平稳吊起离开地面 10 分钟后放下，试样不允许产生裂纹。

9. 医疗废物的专用标识是什么？

医疗废物的专用标识如图 1 所示。

图 1　医疗废物标识

10. 不同类别的医疗废物应该如何处理？

（1）感染性废物的处理

① 医疗废物中病原体的培养基、标本和菌种、毒种保存液等高危险废物，应当首先在产生地点进行压力蒸汽灭菌或者化学消毒处理，然后按感染性废物收集处理。

② 隔离地传染病病人或者疑似传染病病人产生的医疗废物应当使用双层黄色医疗废物塑料袋密闭包装，贴上标签，产生科室对其进行登记后，由医院统一回收，当日焚烧。

③ 被病人血液、体液、排泄物污染的物品，应将锐器与其他物品分开，将锐器置于利器盒中，其他物品用黄色医疗废物塑料袋密闭包装，并在黄色医疗废物塑料袋或者

利器盒上贴上标签，产生科室对其进行登记后，由医院统一回收，当日焚烧处理。

（2）病理性废物的处理

① 病理性废物应用黄色医疗废物塑料袋密闭包装，贴上中文标签，产生科室对其进行登记后，由住院部统一回收，当日焚烧。

② 手术后产生的废弃大肢体由病理科保存，定期由殡仪馆收取后焚烧。

（3）损伤性废物的处理

① 废弃的损伤性废物应放入利器盒密闭包装，贴上中文标签，产生科室对其登记后，由住院部统一回收，当日焚烧。

② 利器盒密闭后不允许再打开。

（4）药物性废物的处理

废弃的麻醉、精神、放射性、毒性等药品应统一交到药品管理科，药品管理科依照有关法律、行政法规和国家有关规定、标准进行处理。

（5）化学性废物的处理

批量的废化学试剂、废消毒剂及含有汞的体温计、血压计等医疗器具报废时，应先到预防与感染管理办公室登记，再由预防与感染管理办公室交给专门机构进行处置。

（6）其他废物的处理

对使用后未被病人血液、体液、排泄物污染的各种玻璃、一次性塑料、输液瓶、输液袋可视为生活垃圾，用黑色塑料袋包装，与普通生活垃圾分开放置，贴上中文标签，由住院部统一回收处理。

新冠疫情医疗废物，除满足以上要求外，还应满足以下要求：

（1）疫情防治过程产生的感染性医疗废物的暂时贮存场所实行专场存放、专人管理，不与其他医疗废物和生活垃圾混放、混装。

（2）疫情废物应适当增加医疗废物的收集频次。

11. 医疗废物暂存有哪些规定？

（1）医疗卫生机构应当及时收集本单位产生的医疗废物，并按照类别分置于防渗漏、防锐器穿透的专用包装物或者密闭的容器内。

（2）医疗卫生机构应当建立医疗废物的暂时贮存设施、设备，不得露天存放医疗废物；医疗废物暂时贮存的时间不得超过 2 天。

（3）医务人员在盛装医疗废物前，应当对包装物或容器进行认真检查，确认无破损、无渗液和其他缺陷。

（4）盛装医疗废物达到包装物或容器的 3/4 时，应当使用有效的封口方式，使封口紧实、严密。

（5）盛装医疗废物的每个包装物或容器外表面应当有警示标记和中文标签，标签内容包括医疗废物产生单位、产生日期和类别等。

（6）放入包装物或容器内的感染性废物、病理性废物、损伤性废物，不得任意取出。

（7）医疗废物管理专职人员每天从医疗废物产生地点将分类包装的医疗废物按照规定路线运送至院内临时贮存室。运送过程中应防止医疗废物的流失、泄漏，并防止医疗废物直接接触身体。每天运送工作结束后，应当对运送工具及时进行清洁和消毒。

（8）医疗废物管理专职人员，每天对产生地点的医疗废物进行过称、登记。登记内容包括来源、种类、重量、交接时间、最终去向、经办人等。

（9）医疗废物转交出去以后，专职人员应当对临时贮存地点、设施及时进行清洁和消毒处理，并做好记录。

疫情医疗废物贮存场所应按照卫生健康行政主管部门要求的方法和频次消毒，暂存时间不超过 24 小时。贮存场所冲洗液应排入医疗卫生机构内的医疗废水消毒、处理系统处理。

12. 医疗废物运输有哪些规定？

《医疗废物管理条例》（2011 年修订版）中规定：

（1）医疗卫生机构应当使用防渗漏、防遗撒的专用运送工具，按照本单位确定的内部医疗废物运送时间、路线，将医疗废物收集、运送至暂时贮存地点。

（2）禁止邮寄医疗废物。

（3）医疗卫生机构和医疗废物集中处置单位，应当采取有效的职业卫生防护措施，为从事医疗废物收集、运送、贮存、处置等工作的人员和管理人员配备必要的防护用品，定期进行健康检查；必要时，对有关人员进行免疫接种，防止其受到健康损害。

疫情医疗废物的运输还应满足以下要求：

（1）疫情医疗废物应采用专用医疗废物运输车辆运输，或使用参照医疗废物运输车辆要求进行临时改装的车辆。不得与其他医疗废物混装、混运。

（2）疫情医疗废物转运前应确定好转运路线和交接要求。运输路线尽量避开人口稠密地区，运输时间避开上下班高峰期。

（3）医疗废物应在不超过 48 小时内转运至处置设施。

13. 医疗废物台账管理有哪些规定？

《医疗废物管理条例》（2011 年修订版）中规定：

医疗卫生机构和医疗废物集中处置单位，应当对医疗废物进行登记，登记内容应当包括医疗废物的来源、种类、重量或者数量、交接时间、处置方法、最终去向以及经办人签名等项目。登记资料至少保存 3 年。

疫情医疗废物应单独建立台账。转运过程可根据当地实际情况实行电子转移联单或者纸质联单。

14. 医疗废物集中处置单位需满足哪些要求？

《医疗废物管理条例》（2011 年修订版）中规定：

（1）从事医疗废物集中处置活动的单位，应当向县级以上人民政府环境保护行政主管部门申请领取经营许可证；未取得经营许可证的单位，不得从事有关医疗废物集中处置的活动。

（2）医疗废物集中处置单位，应当符合下列条件：

① 具有符合环境保护和卫生要求的医疗废物贮存、处置设施或者设备；

②具有经过培训的技术人员以及相应的技术工人；

③具有负责医疗废物处置效果检测、评价工作的机构和人员；

④具有保证医疗废物安全处置的规章制度。

（3）医疗废物集中处置单位的贮存、处置设施，应当远离居（村）民居住区、水源保护区和交通干道，与工厂、企业等工作场所有适当的安全防护距离，并符合国务院环境保护行政主管部门的规定。

（4）医疗废物集中处置单位应当至少每2天到医疗卫生机构收集、运送一次医疗废物，并负责医疗废物的贮存、处置。

（5）医疗废物集中处置单位运送医疗废物，应当遵守国家有关危险货物运输管理的规定，使用有明显医疗废物标识的专用车辆。

（6）医疗废物集中处置单位在运送医疗废物过程中应当确保安全，不得丢弃、遗撒医疗废物。

（7）医疗废物集中处置单位应当安装污染物排放在线监控装置，并确保监控装置经常处于正常运行状态。

（8）医疗废物集中处置单位处置医疗废物，应当符合国家规定的环境保护、卫生标准、规范。

（9）医疗废物集中处置单位应当按照环境保护行政主

管部门和卫生行政主管部门的规定，定期对医疗废物处置设施的环境污染防治和卫生学效果进行检测、评价。检测、评价结果存入医疗废物集中处置单位档案，每半年向所在地环境保护行政主管部门和卫生行政主管部门报告一次。

（10）医疗废物集中处置单位处置医疗废物，按照国家有关规定向医疗卫生机构收取医疗废物处置费用。

15. 医疗废物自行处置应遵循什么原则?

《医疗废物管理条例》（2011 年修订版）中规定，医疗废物自行处置应满足以下原则：

（1）使用后的一次性医疗器具和容易致人损伤的医疗废物应当消毒并作毁形处理；

（2）能够焚烧的，应当及时焚烧；

（3）不能焚烧的，消毒后集中填埋。

16. 什么是水泥窑协同处置?

在《水泥窑协同处置固体废物环境保护技术规范》（HJ 662—2013）中，对水泥窑协同处置的定义为：将满足或经过预处理后满足入窑要求的固体废物投入水泥窑，在进行水泥熟料生产的同时实现对固体废物的无害化处置过程。

这个定义包含两个方面的含义：有些固体废物满足入窑要求，可以直接入窑处置；有些固体废物不满足入窑要求，不能直接入窑，需要经过预处理后才能入窑处置。

17. 水泥窑能否处置医疗废物？

按照《医疗废物分类目录》,医疗废物分为感染性废物、病理性废物、损伤性废物、药物性废物和化学性废物五大类。水泥窑对五大类医疗废物均可以协同处置，但是，水泥窑协同处置病理性医疗废物时，其要求为：

（1）在诊疗过程中产生的人体废弃物和人体病理性组织应为肉眼不可辨认。废弃大肢体应由病理科保存，定期交由殡仪馆收取后焚烧。

（2）医学试验动物尸体如小白鼠、兔子等，可以直接进入水泥窑协同处置。

化学性废物中，废弃的汞血压计、汞温度计不可进入水泥窑协同处置。

此外，经过蒸煮后的医疗废物，也可以进入水泥窑协同处置。

18. 水泥窑协同处置医疗废物有什么优势？

（1）焚烧温度高：水泥窑内物料温度一般高于1450℃，气体温度则高于1750℃，甚至可分别达到1500℃和2200℃的高温。在此高温下，医疗废物中的微生物、有机物都将得到彻底的分解，一般焚毁去除率达到99.9999%以上，对于医疗废物中有毒有害成分将进行彻底的“摧毁”和“解毒”。

（2）停留时间长：水泥回转窑筒体长，废物在水泥窑高温状态下持续时间长。根据一般统计数据，物料从窑头到窑尾总停留时间在40分钟左右，气体在温度大于950℃以上的停留时间在8秒以上，高于1300℃以上的停留时间大于3秒，可以使废物长时间处于高温之下，更有利于废物的燃烧和彻底分解。

（3）焚烧状态稳定：水泥工业回转窑有一个热惯性很大、十分稳定的燃烧系统。它是由回转窑金属筒体、窑内砌筑的耐火砖以及在烧成带形成的结皮和待煅烧的物料组成，不仅质量巨大，而且由于耐火材料具有的隔热性能，使得系统热惯性增大，不会因为废物投入量和性质的变化而造成大的温度波动。

（4）良好的湍流：水泥窑内高温气体与物料流动方向相反，湍流强烈，有利于气固相的混合、传热、传质、分解、化合、扩散。

（5）碱性的环境气氛：生产水泥采用的原料成分决定了在回转窑内是碱性气氛，水泥窑内的碱性物质可以和废物中的酸性物质中和为稳定的盐类，有效地抑制酸性物质的排放，便于其尾气的净化，而且可以与水泥工艺过程一并进行。

（6）没有废渣排出：在水泥生产的工艺过程中，只有生料和经过煅烧工艺所产生的熟料，没有一般焚烧炉焚烧产生炉渣的问题。

（7）固化重金属离子：利用水泥工业回转窑煅烧工艺处理危险废物，可以将废物成分中的绝大部分重金属离子固化在熟料中，最终进入水泥成品中，避免了再度扩散。

（8）全负压系统：新型干法回转窑系统是负压状态运转，烟气和粉尘不会外溢，从根本上防止了处理过程中的再污染。

（9）废气处理效果好：水泥工业具备烧成系统和废气处理系统，使燃烧之后的废气经过较长的路径和良好的冷却、收尘设备，有着较高的吸附、沉降和收尘作用，收集的粉尘经过输送系统返回原料制备系统，可以被重新利用。

（10）投料点多，适应性强：水泥工业不同工艺过程的烧成系统，无论是湿法窑、半干法立波尔窑，还是预热窑和带分解炉的旋风预热窑，整个系统都有不同高温投料点，可适应各种不同性质和形态的废料。因此，可用来处置医疗废物的投料点较多。

（11）利用原有危废处置系统：利用水泥回转窑来处置医疗废物，可以利用原有的危险废物处置系统，不需要在工艺设备方面进行改造，因此在紧急情况下可以快速响应。

19. 水泥窑处置医疗废物的相关标准规范有哪些？

在《水泥窑协同处置固体废物环境保护技术规范》（HJ 662—2013）中特殊废物协同处置要求的章节中，有专门针对医疗废物的处置要求：

（1）医疗废物的接受、贮存、输送和投加应在专用隔离区内进行，不得与其他废物进行混合处理。

（2）禁止在水泥窑中协同处置《医疗废物分类目录》中的易爆炸和含汞的化学性废物。

（3）医疗废物在入窑前禁止破碎等预处理，应与初级包装（包装袋和利器盒）一同直接入窑。

（4）医疗废物的投加点优先选择窑尾烟室，投加装置和投加口应与医疗废物的包装尺寸相匹配，不得损坏包装；投加口应配置保持气密性的装置，可采用双层折板门控制。

（5）医疗废物的收集、运输、贮存和投加应执行《医疗废物集中焚烧处置工程建设技术规范》（HJ/T 177—2005）、《医疗废物专用包装袋、容器和警示标志标准》（HJ 421—2008）和《医疗废物集中处置技术规范（试行）》的相关要求。清洗废水除了可按照上述规范中的要求进行处理外，也可收集导入水泥窑高温区。

20. 水泥窑协同处置疫情医疗废物与其他固体废物有何不同?

水泥窑协同处置疫情医疗废物与其他固体废物的不同之处有：

（1）疫情医疗废物具有感染性，因此员工在卸车、输送、投加的全过程中均应做好个人防护。

（2）疫情医疗废物在入窑前禁止破碎等预处理，应与初级包装（包装袋和利器盒）一同直接入窑。

（3）疫情医疗废物的接受、贮存、输送和投加应在专用隔离区内进行。

（4）疫情医疗废物在厂内专用隔离区的暂存时间不应超过 12 小时。

（5）疫情医疗废物在卸车后应及时对车辆和周转箱进行消毒。

21. 医疗废物具有哪些特性？

医疗废物的特性是：具有感染性，体积大，热值高，含有一定的氯、硫及重金属等。

文献中的医疗废物组成、热值及其各组分的工业分析和元素分析结果见表 2、表 3。

表 2　医疗废物组成

城市名称	物理组成（干基，%）					干基热值（J/g）	水分（%）
	有机物			无机物			
	塑料类	纤维类	其他	玻璃	其他		
天津	10.12	36.86	44.10	6.5	2.42	5349	64.00
郑州	28.32	27.63	25.12	16.5	2.43	16184	22.60
黑龙江	8.35	52.33	15.32	10.3	13.70	12271	70
武汉	17.91	44.97	0.05	26.7	10.37	5372	43.84

表 3　医疗废物工业分析和元素分析结果（%）

组分名称	工业分析				元素分析				
	水分	灰分	挥发分	固定碳	C	H	O	N	S
注射器	0	0.16	99.84	0	84.30	14.44	0.18	0.03	0
乳胶手套	0.27	1.85	97.65	0.23	84.80	10.50	0.40	0.61	1.57
棉花	6.46	0.19	89.99	3.36	41.93	8.40	0.18	0.03	42.81
口罩	7.01	3.85	82.43	6.71	45.71	5.96	0.16	0.13	37.18
纱布	7.62	0.17	83.96	8.25	42.36	5.33	0.16	0.03	44.33
竹棒	9.77	1.77	72.69	15.77	44.90	5.23	0.25	0.06	38.02
输液袋	0.08	0.25	99.67	0	85.21	13.70	0.18	0.09	0.49

从表 2、表 3 可以看出：医疗废物中，含有的可燃组分较多，热值较高，挥发分较高，含水率波动较大。化学元素中，以碳为主，含有一定的硫。

22. 水泥窑协同处置疫情医疗废物的工艺流程是什么？

水泥窑协同处置疫情医疗废物工作流程如图 2 所示。

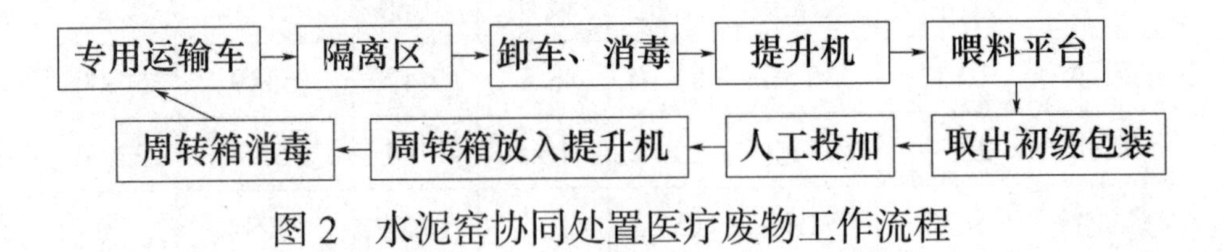

图 2　水泥窑协同处置医疗废物工作流程

23. 处置疫情医疗废物的水泥窑应具备哪些设施？

处置疫情医疗废物的水泥窑应具备以下设施：

（1）应划定疫情医疗废物专用隔离区；

（2）应具备从专用隔离区至投料平台的输送设备，如提升机、输送皮带等；

（3）疫情医疗废物投加口应有操作平台，便于废物投加；

（4）疫情医疗废物的投加装置和投加口应与医疗废物的包装尺寸相匹配，不得损坏包装；

（5）疫情医疗废物投加口应配置保持气密性的装置，可采用双层闸板控制；

（6）水泥厂应配置针对疫情医疗废物运输车辆和周转箱的消毒设施；

（7）水泥厂应配置相应的员工防护装备。

24. 处置疫情医疗废物的水泥窑及工厂应该如何改造？

处置医疗废物的水泥窑和工厂应做以下改造：

（1）配置专用隔离区至投料平台的输送设备，如提升机、输送皮带等；

（2）改造投加口大小，使之与包装尺寸相匹配；

（3）增加医疗废物投加口的气密性装置；

（4）配置针对疫情医疗废物运输车辆和周转箱的消毒设施；

（5）应配置相应的防护装备物资库房。

25. 医疗废物应该如何运送至水泥厂？

（1）运送人员在运送医疗废物前，应当检查包装物或者容器的标识、标签及封口是否符合要求，不得将不符合要求的医疗废物运送至暂时贮存地点。

（2）运送医疗废物应当使用防渗漏、防遗撒、无锐利边角、易于装卸和清洁的专用运送工具。

（3）运送人员在运送医疗废物时，应当防止造成包装物或容器破损的事情发生。应防止医疗废物的流失、泄漏和扩散，并防止医疗废物直接接触相关人员的身体。

26.疫情医疗废物到达水泥厂后如何卸料？

疫情医疗废物到达水泥厂后，应停放在专用隔离区。员工穿戴防护装备，先对车辆及周转箱进行消毒，再从运输车辆上卸下周转箱，并将码整齐的周转箱放在提升机上，关闭、锁定提升机的栅栏门，并用对讲机将指令传达给提升机操作人员。

27. 医疗废物如何预处理？

医疗废物不可采用破碎等预处理措施，只能进行消毒预处理。

28. 医疗废物应该如何输送至投料点？

医疗废物可采用提升机或专用输送皮带输送至投料口。

29. 医疗废物的入窑点有哪些？

（1）医疗废物可选择窑尾分解炉、窑尾烟室或者窑头窑门罩作为投加点。

（2）投加点应注意正压、回火。

30. 水泥窑协同处置医疗废物时，应该如何投加？

提升机提升至投料口操作平台，从周转箱内取出初级包装，打开锁风装置，立即投加，投加完成后关闭锁封装置，将周转箱整齐码放在提升机上，关闭、锁定提升机的栅栏门，并用对讲机将指令传达给提升机操作人员，提升机下降至专用隔离区，消毒人员将空周转箱消毒后，码放在运输车内，关闭车厢，车辆离开。

31. 协同处置医疗废物对水泥窑有哪些影响？

协同处置医疗废物对水泥窑的影响有以下几个方面：

（1）由于医疗废物中热值较高，因此协同处置医疗废物容易造成局部高温；

（2）由于医疗废物中含有一定的硫、氯等成分，因此容易造成结皮、堵塞；

（3）由于医疗废物没有经过破碎预处理，带着包装袋、利器盒等初级包装整体投加到窑内，容易造成燃烧不完全；

（4）投加点密封不佳时，容易回火。

32. 水泥窑协同处置医疗废物对水泥产品有哪些影响？

由于水泥窑协同处置的医疗废物一般为 4~5t/d，最高峰时不超过 20t/d，占比较小，因此对水泥产品基本无影响。但由于医疗废物投加是间歇式，所以应及时对水泥产品进行监测，防止硫含量过高。

33. 水泥窑能否处置疫情医疗废物？

疫情医疗废物主要以口罩、防护服、手套、湿纸巾等为主，还有部分属于医疗垃圾感染性废物中的一次性使用卫生用品、一次性使用医疗用品，因此可以进入水泥窑进行协同处置。

34. 水泥窑协同处置疫情医疗废物有哪些注意事项？

由于疫情时期的医疗废物传染性较强，因此水泥窑协同处置疫情医疗废物，除了满足医疗废物处置要求之外，还应格外注意以下几个方面：

（1）接收现场应设置警示、警戒限制措施；

（2）疫情医疗废物的贮存时间不得超过 12 小时，应尽量缩短疫情废物的暂存时间，尽量做到即时入窑处置；

（3）应优先处置疫情防治过程产生的感染性医疗废物；

（4）加强对处置场所、隔离区域、运输车辆、周转箱的消毒；

（5）强化对员工自我保护的宣传，加强员工个人防护；

（6）为避免感染，处置疫情医疗废物的员工应集中居住，不得与其他员工混居；

（7）处置工作结束后，应有相应的隔离期限，每天定时监测员工体温等身体指标。

35. 水泥窑协同处置疫情医疗废物应该如何消毒？

在水泥窑协同处置疫情医疗废物过程中，对周转箱、运输车辆及投加操作员工的消毒方式不应采用酒精消毒，而应采用高闪点的消毒液和紫外线消毒，以免在高温区引起着火。

36. 水泥窑协同处置疫情医疗废物应如何进行个人防护？

水泥窑协同处置疫情医疗废物，地面卸车、消毒员工应佩戴防护镜、口罩、手套，穿戴防化服及劳保鞋。投加口员工还应穿戴防烫服，以免灼伤。

37. 国内哪些水泥企业进行了协同处置疫情医疗废物？

2020年疫情期间，华新水泥在湖北省的多家水泥公司承担了协同处置疫情医疗废物的任务。其中：位于湖北武穴市的水泥厂，其疫情医疗废物的处置量为5t/d，增加专职员工6人。

38. 国外水泥窑协同处置哪些固体废物？

经过四十多年发展，水泥窑协同处置技术相对成熟，早已成为发达国家普遍采用的处置技术，对水泥工业可持续发展和固废处置提供了广阔市场空间。

瑞士、法国、英国、意大利、挪威、瑞典、美国、加拿大、日本等国家均有利用水泥窑焚烧废物的历史。例如，瑞士 HOLCIM 公司从 20 世纪 80 年代起开始利用废物作为水泥生产的替代燃料。2000 年，HOLCIM 公司设在欧洲的 35 个水泥厂处理和利用的废物总量就达 150 万吨。法国 Lafarge 公司从 20 世纪 70 年代开始研究推进废物代替自然资源的工作，经过近 30 年的研究和发展，危险废物处置量稳步增长。Lafarge 公司在法国处置的废物类型主要有水相、溶剂、固体、油、乳化剂和原材料等，该公司设在法国的水泥厂焚烧处置的危险废物量占全法国焚烧处置的危险废物量的 50%，燃料替代率达到 50% 左右。2001 年，Lafarge 公司由于处置废物而实现了以下目标：节约 200 万吨矿物质燃料；降低燃料成本达 33% 左右；收回了约 400 万吨的废料；减少了全社会 500 万吨 CO_2 气体的排放。美国环保署也大力提倡水泥窑焚烧处理废物。20 世纪 80 年代中期以来，随着美国联邦法规对废物管理尤其是危险废物处理要求的加强，废物焚烧处理量迅速增加，由于上述诸多优点，水泥窑处理危险废物发展迅速。1994 年美国共有 37 家水泥厂或轻骨料厂得到授权用危险废物作为替代燃料烧制水泥，处理了近 300 万吨危险废物，占全美国 500 万吨的危险废物的 60%。全美国液态危险废物的 90% 在水泥窑进行焚烧处理。

国外水泥窑协同处置的固体废物包括：危险废物、一般工业固废、生活垃圾、动物内脏、城市污泥、废旧轮胎、液态废物等。

39. 国内水泥窑可以协同处置哪些固体废物？

水泥窑之所以能够成为废物的处理方式，主要是因为废物能够为水泥生产所用，可以以二次原料和二次燃料的形式参与水泥熟料的煅烧过程，二次燃料通过燃烧放热把热量供给水泥煅烧过程，而燃烧残渣则作为原料通过煅烧时的固、液相反应进入熟料主要矿物，燃烧产生的废气和粉尘通过高效收尘设备净化后排入大气，收集到的粉尘则循环利用，达到既生产了水泥熟料又处理了废弃物，同时减少环境负荷的良好效果。

我国水泥窑可以处理的废物包括生活垃圾（包括废塑料、废橡胶、废纸、废轮胎等）、各种污泥（下水道污泥、造纸厂污泥、河道污泥、污水处理厂污泥等）、工业固体废物（粉煤灰、高炉矿渣、煤矸石、硅藻土、废石膏等）、工业危险废物、农业废物（秸秆、粪便）、动植物加工废物、受污染土壤、应急事件废物等固体废物。

40. 今后水泥窑协同处置医疗废物应往什么方向发展？

由于医疗废物的感染性较强，因此今后水泥窑协同处置医疗废物应往全过程自动化方向发展，如：卸车、输送、消毒过程均应采用自动化操作，并采用机械手代替人工投加等。

疫情防控标准目录

口罩标准

《针织口罩》（FZ/T 73049—2014）

《医用防护口罩技术要求》（GB 19083—2010）

《呼吸防护 自吸过滤式防毒面具》（GB 2890—2009）

《呼吸防护 长管呼吸器》（GB 6220—2009）

《呼吸防护用品 实用性能评价》（GB/T 23465—2009）

《呼吸防护 动力送风过滤式呼吸器》（GB 30864—2014）

湿巾标准

《湿巾》（GB/T 27728—2011）

护目镜标准

《个人用眼护具技术要求》（GB 14866—2006）

消毒卫生标准

《食品安全国家标准 消毒剂》（GB 14930.2—2012）

《医院消毒卫生标准》（GB 15982—2012）

《空气消毒剂卫生要求》（GB 27948—2011）

《手消毒剂卫生要求》（GB 27950—2011）

《食品安全国家标准 消毒餐（饮）具》（GB 14934—2016）

《皮肤消毒剂卫生要求》（GB 27951—2011）

《医疗卫生用品辐射灭菌消毒质量控制》（GB 16383—2014）

医疗器械标准

《医疗器械消毒剂卫生要求》（GB/T 27949—2011）

《医疗器械干热灭菌过程的开发、确认和常规控制要求》（YY/T 1276—2016）

《医疗器械蒸汽灭菌过程挑战装置适用性的测试方法》（YY/T 1402—2016）

《医疗器械 质量管理体系 用于法规的要求》（YY/T 0287—2017）

《医疗保健产品灭菌 灭菌因子的特性及医疗器械灭菌过程的开发、确认和常规控制的通用要求》（GB/T 19974—2018）

医用手套标准

《一次性使用橡胶检查手套》（GB 10213—2006）

《一次性使用灭菌橡胶外科手套》(GB 7543—2006)

《医用手套表面残余粉末的测定》(GB/T 21869—2008)

《医用手套表面残余粉末、水抽提蛋白质限量》(GB 24788—2009)

《天然胶乳医用手套水抽提蛋白质的测定 改进 Lowry 法》(GB/T 21870—2008)

防护服标准

《防护服装 防静电服》(GB 12014—2019)

《防护服装 隔热服》(GB 38453—2019)

《医用一次性防护服技术要求》(GB 19082—2009)

《防护服 一般要求》(GB/T 20097—2006)

《防护服装 化学防护服通用技术要求》(GB 24539—2009)

《防护服用织物 防热性能抗熔融金属滴冲击性能的测定》(GB/T 17599—1998)

校准规范

《菌落计数器校准规范》(JJF 1751—2019)

《Ⅱ级生物安全柜校准规范》(JJF 1815—2020)

《生乳冰点仪校准规范》(JJF 1816—2020)

《全自动灯检机校准规范》（JJF 1824—2020）

《乳品成分分析仪校准规范》（JJF 1820—2020）

《水样检测用尿素检测仪校准规范》（JJF 1822—2020）

《空气微生物采样器校准规范》（JJF 1826—2020）

体温计

《玻璃体温计》（GB 1588—2001）

《医用电子体温计》（GB/T 21416—2008）

《医用电子体温计校准规范》（JJF 1226—2009）

《医用红外体温计 第 1 部分：耳腔式》（GB/T 21417.1—2008）

《临床用变色体温计校准规范》（JJF 1412—2013）

《红外耳温计型式评价大纲》（JJF 1577—2016）

参考文献

[1] 医疗废物管理条例（2003 年 6 月 16 日国务院令第 380 号，2011 年修订）.

[2] 国家环境保护总局关于贯彻执行《医疗废物管理条例》的通知（环发〔2003〕117 号）.

[3] 卫生部、国家环境保护总局关于下发《医疗废物分类目录》的通知（卫医发〔2003〕287 号）.

[4] 环境保护部 . 水泥窑协同处置固体废物环境保护技术规范：HJ 662—2013［S］. 北京：中国环境科学出版社，2013.

[5] 国家环境保护总局 . 医疗废物集中焚烧处置工程建设技术规范：HJ/T 177—2005［S］. 北京：中国环境科学出版社，2005.

[6] 国家环境保护总局 . 医疗废物专用包装袋、容器和警示标志标准：HJ 421—2008［S］. 北京：中国环境科学出版社，2008.

[7] 国家环境保护总局关于发布《医疗废物集中处置技术规范》的公告（环发〔2003〕206 号）.